LE 4 TATTICHE
DEI PIÙ GRANDI STRATEGHI
PER VINCERE LA GUERRA
AI GUASTI IMPROVVISI
DEI TUOI VENTILATORI INDUSTRIALI

www.ventilazionesicura.it
Copyright Ventilazione Sicura ™ 2016

Complimenti per aver deciso di leggere questa guida.

È evidente che sei un responsabile di manutenzione che ci tiene al proprio lavoro e vuole garantire la massima produttività alla tua azienda.

So che il tuo tempo è molto ridotto e ogni tuo minuto "libero" dalle emergenze è realmente prezioso.

Per questo motivo ti chiedo il permesso di rimandare le presentazioni di rito alla fine di questo libro.

Preferisco infatti che – nel poco tempo che hai a disposizione – tu riesca subito a far tesoro dei consigli che troverai in queste pagine.

Il mio obiettivo è aiutarti ad eliminare anche la più piccola possibilità di subire un guasto improvviso ad uno dei ventilatori installati nel tuo impianto.

Per ora ti dico solo che mi chiamo Diego Perfettibile e, da oltre 11 anni, lavoro nel campo della ventilazione industriale di processo.

È probabile che – se guardi bene nel tuo stabilimento – hai qualche ventilatore progettato e prodotto dalla mia società, la PBN ventilatori industriali.

Se poi sarai curioso di conoscere la mia storia, ti prometto che nell'ultima parte di questo piccolo manuale troverai tutto quello che potrebbe interessarti di me.

Inoltre, se sarai così scrupoloso da leggere fino all'ultima pagina, ti prometto che troverai **un regalo per premiarti della tua attenzione dimostrata.**

Prima di svelarti i segreti per una manutenzione impeccabile dei tuoi ventilatori, voglio però fare una precisazione molto importante.

Perché questa guida è diversa da tutti i manuali d'uso dei produttori e cosa ne guadagni se leggi fino in fondo?

Se hai mai provato a leggere il manuale d'uso di un qualsiasi costruttore, ti sarai reso conto che – in realtà – è un tomo pieno zeppo di obblighi e responsabilità che ti vengono caricati sulle spalle.

Per questo motivo quasi nessuno si prende la briga di passare ore e ore a leggere tutte quelle raccomandazioni.

I manuali sono infatti scritti più per rispettare la legge, che per fini pratici.

Servono a metterti al corrente dei pericoli – ed è importante che tu li conosca – a cui sei esposto usando quel prodotto o quel macchinario.

Lo so, starai pensando:

"Ecco, adesso mi dirai che il tuo manuale è diverso. Scommetto che stai per affermare che il tuo è migliore di quello di tutti gli altri fornitori."

Mi spiace deluderti, ma non è così.

Anche nel mio caso – come costruttore – mi sono dovuto tutelare, esponendo nel modo più chiaro e possibile i pericoli ed i rischi derivanti dall'uso delle mie macchine.

Però, negli anni, mi sono reso conto che non potevo fermarmi agli obblighi di legge.

Non volevo lasciare i miei clienti in balia di responsabilità che nemmeno conoscevano – visto che NESSUNO legge i manuali – e trincerarmi dietro lo scudo del:

"Ah, ma io ti avevo avvertito di quel pericolo, se NON hai letto il manuale la colpa è solo tua!"

Così ho deciso di scrivere questa guida sulla manutenzione dei ventilatori.

In queste pagine ti fornirò – passo dopo passo – una serie di consigli e *trucchi* pratici per creare un piano di manutenzione, grazie al quale potrai dimenticarti una volta per tutte dei guasti improvvisi.

www.ventilazionesicura.it
Copyright Ventilazione Sicura ™ 2016

Alla fine di questa lettura, saprai tutto quello che ti serve per avere i tuoi ventilatori affidabili al 100%, dedicando il minimo indispensabile del tuo tempo – e dei tuoi soldi – a questi macchinari.

Quindi, se vuoi dire addio ai doppi turni sfiancanti necessari per risolvere l'ennesima fermata improvvisa – che quasi a farlo apposta capita sempre nel week-end – e sei stufo di dover lavorare sempre di corsa, allora quello che stai per scoprire fa proprio al caso tuo.

Spegni il cellulare. Chiudi Facebook ed ogni altra distrazione.

Si parte.

TATTICA #1

SE VUOI VINCERE LA GUERRA AI GUASTI IMPROVVISI, PRIMA ANCORA DI SCENDERE SUL CAMPO DI BATTAGLIA DEVI CONOSCERE IL TUO NEMICO

Esiste un grande ostacolo che ti impedisce di evitare in anticipo i problemi sui ventilatori, affidandoti ad una serie di controlli periodici.

Altrimenti sono certo che avresti già creato un piano di manutenzione e non ti servirebbe questa guida. O sbaglio?

Molto probabilmente, sai anche a grandi linee quali controlli ed attività compiere per mantenere in salute tutte le ventole installate nei tuoi impianti.

Se però dovessi chiederti come mai non metti in pratica tutto quello che già sai, la tua risposta sarebbe più o meno:

"Ma chi ha tempo per stare dietro a tutti quei controlli e quelle analisi?"

Come darti torto?

La maggior parte dei responsabili di manutenzione delle aziende che servo – il 93% per l'esattezza – si ritrova infatti in queste condizioni:

- Deve sottostare ai "capricci" della produzione, con i suoi ritmi che salgono e scendono come sulle montagne russe. In condizioni così imprevedibili, è praticamente **impossibile** organizzare una corretta manutenzione preventiva.

- Dalla crisi finanziaria del 2008 ad oggi, si è ritrovato con la sua squadra di collaboratori sfoltita come la chioma di un albero dopo la potatura autunnale.

- Da quasi un decennio gli investimenti in nuove macchine sono congelati. Buona parte degli impianti è vicina alla fine della loro vita utile e richiedono attività di manutenzione sempre più frequenti.

Quindi è del tutto normale se ti senti sovraccarico di problemi da gestire ed il tempo sembra non bastare mai.

Il problema è che se ti manca il tempo per creare e seguire un piano di manutenzione dei ventilatori, questi ultimi si guasteranno sempre più spesso risucchiando ulteriori ore del tuo lavoro.

È un circolo vizioso in continua accelerazione.

L'unico salvagente in grado di tirarti fuori da questo vortice è la prima fase del metodo che trovi in questa guida, quella che io chiamo del censimento.

Per poter realmente risolvere il problema delle fermate improvvise, devi infatti prima sapere quanti ventilatori hai e quale impatto ognuno di questi ha sul tuo impianto.

Si, è vero. È banale.

Ma forse proprio per questo è un passaggio - troppo spesso - sottovalutato.

"Ok, ma sapere quanti ventilatori ho nell'impianto non mi aiuta certo ad evitare che si guastino."

Seguimi e ti dimostrerò che in realtà le cose non stanno proprio così.

Vediamo quindi cosa intendo per **censimento dei ventilatori.**

Questa fase inizia con il rispondere a delle semplici – ma fondamentali – domande:

1. Quanti ventilatori ci sono installati nel tuo stabilimento?
2. Quanto sono critici per il corretto funzionamento degli impianti?
3. Quanto ci vuole per ricevere i ricambi / una nuova macchina?
4. Quanto spesso si sono verificati guasti nel passato?

Andiamo a vedere nel dettaglio l'importanza di ognuna di queste domande nella creazione di un piano di manutenzione dei ventilatori.

Hai un'intera legione o un piccolo manipolo di ventilatori al tuo servizio?

Il numero esatto di ventole installate nel tuo impianto è un dato molto importante per definire un piano di manutenzione equilibrato.

Se infatti ne hai più di 10, forse è il caso di appaltare parte dei controlli periodici ad una società esterna.

Mentre se nell'impianto hai 3-4 ventilatori installati, allora può essere più conveniente occuparti in prima persona della loro gestione e manutenzione.

Nota bene, per rispondere a questa domanda, dovrai andare a contarli fisicamente – uno ad uno – in giro per lo stabilimento.

Questa è anche un'ottima occasione per "schedare" tutti i ventilatori, assegnando ad ognuno di loro una **scheda anagrafica.**

"Una scheda che?"

La scheda anagrafica è un documento dove puoi raccogliere tutti i dati necessari alla progettazione di un piano di manutenzione per i tuoi ventilatori.

Non ti preoccupare. Ho pensato io a crearti un file di Excel dove tu dovrai solamente inserire i dati che ti servono.

Ti basta visitare questo indirizzo web (mi raccomando copialo per intero) e richiedere di ricevere la tua copia gratuita della scheda anagrafica:

www.ventilazionesicura.it/manutenzioneventilatori

Il file di Excel che riceverai – insieme ad una copia in PDF di questo libro - è la tua scheda anagrafica vergine.

Utilizzala come matrice per creare tante schede quanti sono i tuoi ventilatori.

Riceverai anche un video che ti spiega nel dettaglio come usare questo documento così importante.

Ora però NON ti distrarre e seguimi mentre ti mostro gli altri passi che devi compiere.

Una volta che hai scoperto il numero esatto di ventilatori installati nel tuo stabilimento - e quindi per ognuno hai creato la sua scheda anagrafica - sei pronto per passare al livello successivo.

Seguimi attentamente mentre ti svelo come ottenere il massimo risultato con il minimo sforzo.

Ecco il segreto sui ventilatori che NESSUNA società di manutenzione vuole che tu sappia, grazie al quale potrai ridurre drasticamente il tempo che devi dedicare alla gestione di questi macchinari.

I ventilatori installati nei tuoi impianti NON sono tutti uguali.

No. Non ti sto facendo il solito discorso da venditore. Non voglio dirti che la qualità di quelli che produco io sia migliore di quella della concorrenza.

Mi riferisco, in questo caso, al diverso impatto che ogni ventola ha sul funzionamento di tutto l'impianto.

Ci sono infatti alcuni ventilatori che - se si guastano o vanno fuori servizio - non portano nessuna conseguenza sulla produzione.

Questo non vuol dire che devi trascurarli.

Però puoi permetterti di dedicare meno attenzioni - e fare il minimo indispensabile - per assicurarti che non si trasformino in un pericolo per la salute dei tuoi colleghi.

Discorso totalmente diverso vale invece per le macchine più critiche.

I miei clienti – ad esempio – acquistano i miei ventilatori per installarli a servizio delle parti più importanti degli impianti.

Rappresentano **i polmoni** che danno vita al processo industriale, di cui la tua azienda ha bisogno per poter produrre.

È quindi su queste macchine che devi concentrare TUTTI i tuoi sforzi, per garantire che siano sempre in piena forma ed evitare così che si guastino, mettendo KO tutto l'impianto che alimentano.

Ecco allora come puoi ridurre al minimo il consumo del tuo tempo nella manutenzione di questi macchinari.

Per ognuno dei ventilatori, indica nella scheda anagrafica se si tratta di una macchina critica o secondaria.

Grazie a questo dato, potrai decidere – in maniera oggettiva – su quali ventilatori investire, tempo e denaro, per la loro manutenzione, ottimizzando così i tuoi sforzi ed evitando di sprecare risorse su macchine di secondaria importanza.

Sia chiaro. Se hai un budget illimitato e tempo che ti avanza, allora puoi ascoltare i consigli delle società esterne di manutenzione ed affidare a loro qualsiasi macchina rotante. (anche quel piccolo ventilatore che rimuove l'aria viziata dai bagni)

Ma dubito che – come **Paperon de' Paperoni** – sguazzi in un mare di monete d'oro, giusto?

Allora proseguiamo oltre e vediamo come puoi creare un magazzino di ricambi strategico, SENZA spendere troppo.

Scopri come evitare di restare con l'impianto bloccato per intere settimane, aspettando – impotente – che il fornitore ti spedisca un pezzo di ricambio, mentre ti mangi le mani per non aver pensato di metterlo a magazzino.

Se questa affermazione ti sembra esagerata, allora la storia che ti sto per raccontare ti farà cambiare idea.

Circa sei mesi fa ricevo una mail da Luca (è un nome fittizio ovviamente), il responsabile di manutenzione di un'acciaieria, nella quale sono installati alcuni miei ventilatori.

Nel testo del messaggio mi viene richiesto di spedire dei cuscinetti di ricambio per una delle mie macchine.

Invio subito la richiesta di preventivo al mio fornitore e, mentre aspetto la sua risposta, decido di chiamare il mio cliente.

Non seguo la manutenzione per conto loro, quindi vorrei capire da Luca i motivi della sua richiesta.

Mi sembra infatti strano che, dopo 6 anni di funzionamento del ventilatore, tutto quello di cui hanno bisogno siano solo i due cuscinetti.

Dopo i convenevoli iniziali, Luca risponde alla mia domanda:

"Questa notte abbiamo avuto un allarme sulle temperature dei cuscinetti del ventilatore. Siamo andati a vedere e ci siamo accorti che quello dal lato della girante è completamente andato."

E poi continua.

"Per cortesia, mi mandi due pezzi nuovi con corriere, entro stasera dobbiamo ripartire."

Proprio mentre pronuncia queste parole, ricevo la quotazione dal mio fornitore.

Una pessima notizia.

Già immagino che Luca andrà su tutte le furie, appena sentirà quello che sto per dirgli.

"Guardi, ho appena ricevuto la risposta dal mio fornitore. Quel tipo di cuscinetti non è disponibile a magazzino. Possono spedirmeli, se li ordino subito, tra 6 settimane."

Silenzio. Nessuna risposta.

"Sig. Luca, è ancora in linea? Mi ha sentito?"

Purtroppo per i miei timpani, la sua reazione non è stata delle più "morbide".

Ti risparmio l'elenco colorito di imprecazioni bresciane con le quali ha "dipinto" la situazione. Il succo a grandi linee era questo:

"Perfettibile, forse non ha capito. Abbiamo un laminatoio che, per ogni ora che sta fermo, ci fa **perdere qualche milione di euro***. Come può pensare che per sei settimane stiamo qua a girarci i pollici mentre lei mi manda i ricambi?"*

Purtroppo per lui, NON c'era nulla da fare.

Doveva aspettare quel pezzo, anche se questo significava avere un'intera linea di produzione bloccata.

Quindi, se non vuoi rischiare un infarto quando scopri di dover dire al tuo capo che – per qualche settimana - la produzione sarà annullata, ti conviene seguire questo suggerimento.

Per tutti i ventilatori critici – adesso ti è chiaro perché ti ho fatto fare questa distinzione prima - che hai installati nello stabilimento, contatta chi li ha costruiti e richiedi quanto tempo ci vuole per ottenere almeno i seguenti componenti:

- Girante
- Albero
- Cuscinetti
- Trasmissione (cinghie o giunto meccanico)
- Tenuta al passaggio albero

In base alla risposta che riceverai, potrai decidere quale ricambio mettere subito a magazzino e quale, invece, puoi ordinare SOLO in caso di un reale bisogno.

Grazie a questo semplice accorgimento, potrai avere a disposizione un magazzino di ricambi strategici per il pronto intervento.

Sarà anche più facile convincere i tuoi colleghi degli acquisti, quando ti presenterai con solo una lista di una decina di componenti da acquistare, piuttosto che una sfilza interminabile di articoli richiesti.

Conoscendo i tempi di consegna, sarai in grado di dimostrare perché quei pezzi sono da considerarsi strategici per il corretto funzionamento della produzione.

Come vedi, ti sto fornendo un sistema oggettivo per **ridurre al minimo i costi** ed il tempo necessario alla manutenzione dei ventilatori.

È infatti inutile tenere sotto controllo tutte le macchine installate nel tuo impianto.

Il mio obiettivo è aiutarti a creare un piano di manutenzione **personalizzato ad hoc** sulle tue esigenze particolari.

Questo piano deve però essere anche flessibile e capace di adattarsi all'evoluzione dello stato di salute delle macchine.

In che modo?

Eccoti servito.

Scopri come sfruttare il passato dei tuoi ventilatori come una sfera di cristallo, grazie alla quale potrai prevedere – e quindi evitare – guasti improvvisi e fermate non programmate nel futuro.

Quella che ti sto presentare è una delle risorse più utili per il tuo lavoro come responsabile di manutenzione.

Inoltre è praticamente GRATUITA. Non devi pagare nessuno per utilizzarla.

Di cosa sto parlando?

Della tua memoria.

Nessuno meglio di te conosce infatti i ventilatori che hai nel tuo stabilimento.

Tu ne conosci i problemi ricorrenti, i "capricci" che ogni tanto fanno e la frequenza con cui si guastano.

Ok, probabilmente stai pensando:

"Signore delle Ventole, secondo te io mi ricordo di tutte queste cose?"

Tranquillo, NON è necessario che tu sia un campione di memoria.

Se poi sei una specie di registro vivente, che riesce a ripescare ricordi vecchi di decenni, meglio ancora.

Ho un cliente che ha davvero una memoria di ferro, capace di ricordarsi di un guasto particolare che si è verificato nel '98. (è impressionante, se glielo chiedi sa dirti anche la data precisa e ti racconta tutta la storia per filo e per segno)

Se però tu sei una persona normale, può darsi che ti sia scordato di tutti questi dati.

Io ad esempio ho davvero la memoria di un criceto. Non su tutto, per carità.

Però dovendo gestire centinaia di clienti – ognuno con decine e decine di ventilatori installati – sono stato costretto ad escogitare **un trucco**, per poter tenere a mente tutte le informazioni sui guasti e sulle rotture più frequenti.

Per darti un'idea di come puoi anticipare i problemi - ed evitare che si verifichino - utilizzando la storia passata di un ventilatore, ti racconterò di **un caso reale** capitato ad un mio cliente.

Poiché si tratta di una multinazionale, con severe politiche sulla privacy e sul segreto industriale, non posso in alcun modo svelare il nome o darti indicazioni sul settore in cui opera.

Ma tanto non è questo quello che ti interessa.

In una delle loro sedi italiane, hanno un mio ventilatore abbastanza grande (circa 1,5 metri di diametro) che serve a trasportare uno dei loro prodotti sotto forma di polvere.

Questa polvere è abbastanza fine e – quando è umida – si attacca facilmente a qualsiasi superficie, comprese quelle della girante.

Solitamente l'accumulo del prodotto sulla ventola non creava grandi problemi di vibrazioni.

Però una volta all'anno – così all'improvviso – il ventilatore andava in allarme e si scuoteva come un **martello pneumatico impazzito**.

Fortunatamente, era sufficiente pulire la girante per far sparire il problema.

L'anno successivo però, venivo nuovamente chiamato dal mio cliente per lo stesso allarme improvviso.

Dopo tre anni che questa storia si ripeteva, ero un po' stufo di dover sempre mandare di corsa un mio tecnico – magari durante il week end – a verificare cosa stava succedendo.

Così ho iniziato ad indagare, spulciando tra tutte le carte degli interventi che avevamo compiuto fino ad allora.

Per puro caso ho notato **una strana coincidenza**.

Il problema delle vibrazioni improvvise, negli ultimi 3 anni si era verificato sempre nella prima settimana di marzo.

Incuriosito da questa ricorrenza così precisa, decido di chiamare il cliente per chiedere cosa succedeva di diverso nel loro impianto in quel periodo.

Dopo una buona mezzora di domande e risposte, riesco a svelare l'arcano.

Per motivi che il mio cliente non poteva comunicarmi, nel mese di marzo dovevano modificare leggermente il loro prodotto.

In particolare aveva bisogno di ridurre l'umidità contenuta nella polvere.

Aumentavano così la temperatura dell'aria trasportata e la rendevano completamente secca.

Il problema è che – così facendo – si seccava anche il prodotto depositato sulla girante che, perdendo la sua tendenza ad appiccicarsi, si staccava in modo non uniforme dalle pale della ventola.

Ecco finalmente svelata la causa di quell'improvvisa esplosione delle vibrazioni.

Scoperto questo particolare cambio di produzione, abbiamo modificato il piano di manutenzione inizialmente previsto.

Oltre alla fermata programmata di agosto, ho consigliato al mio cliente di effettuare anche una pulizia completa di tutta la ventola prima di effettuare il cambio di produzione.

Con questo semplice accorgimento, negli ultimi 6 anni quel ventilatore ha funzionato continuamente senza mai dare altri problemi.

Il mio cliente addirittura lo chiama "**Il gioiellino**".

Quindi cosa devi portarti a casa da questa storia?

Devi cercare i guasti più ricorrenti nel passato per ogni ventilatore critico. (su quelli secondari non è così importante)

Sfrutta la tua memoria ed aiutati con i rapporti di manutenzione degli ultimi 3-4 anni.

Oppure verifica gli ordini dei ricambi e controlla se hai acquistato gli stessi componenti con una frequenza più o meno costante.

Se – come successo col mio cliente – noti delle "coincidenze" e ti accorgi che ci sono dei guasti frequenti, allora segnalo all'interno del campo "note" nella scheda anagrafica di quel ventilatore.

Proseguendo nella lettura, ti accorgerai di come queste informazioni saranno preziose come pepite d'oro nella gestione della manutenzione.

È infatti grazie a queste note che potrai far rendere al massimo il tuo tempo, intervenendo SOLO dove è strettamente necessario e giocando di anticipo sui guasti dei ventilatori, **riducendo a zero le emergenze.**

Quindi non perdiamo altro tempo.

Chiusa la fase del censimento, è giunto il momento di passare al secondo passaggio e progettare il tuo successo come responsabile di manutenzione.

TATTICA #2

EVITA L'ERRORE DELLO STRATEGA PERFEZIONISTA, CHE CERCA DI AVERE IL CONTROLLO SU QUALSIASI SCENARIO – FINENDO CON NON CONCLUDERE NULLA – E CREA INVECE UN VERO PIANO DI MANUTENZIONE CHE SARAI IN GRADO DI SEGUIRE AL 100% (ANCHE SE HAI ESAURITO OGNI SECONDO DEL TUO TEMPO)

Se mi hai seguito fino a questo punto, hai raccolto tutta una serie di dati ed informazioni, che rappresentano un forziere pieno di dobloni per quello che andremo a fare in questa seconda fase.

Come ti ho promesso all'inizio di questa guida, il mio scopo è darti un metodo per prevenire, nei tuoi impianti, fermate non programmate a causa dei ventilatori, **SENZA aumentare a dismisura il tuo carico di lavoro.**

Per questo motivo, da qua in avanti, ti chiederò di concentrarti solo su quelle ventole che hai definito critiche nella fase precedente.

Fatta questa breve premessa, andiamo a vedere come creare il tuo piano di manutenzione.

Un piano è definito come una sequenza di azioni, ognuna delle quali deve NECESSARIAMENTE avere una data entro la quale essere compiuta.

Partiamo prima dal "cosa" fare, poi vedremo con che frequenza inserire questa attività nel piano.

Nella scheda anagrafica del ventilatore trovi indicati i controlli periodici che – in base alla mia esperienza – ti consiglio di effettuare:

- Controllo vibrazioni cuscinetti
- Controllo temperatura cuscinetti
- Equilibratura girante
- Verifica serraggio bulloni
- Allineamento giunto
- Verifica usura giunto
- Allineamento e tensione cinghie
- Verifica usura cinghie e pulegge
- Verifica usura tenuta albero
- Pulizia filtri in aspirazione

Stai calmo. Lo so che starai pensando:

"Tutta questa roba da fare? Quando mai lo trovo il tempo?"

Più avanti ti svelerò anche un piccolo trucco che ti aiuterà a trovare il tempo di compiere tutte le attività necessarie.

Inoltre questo elenco è una traccia che puoi seguire per essere certo di **NON** dimenticarti nulla.

Ovviamente puoi togliere quello che non è applicabile nel tuo caso specifico.

Se non hai ventilatori con trasmissione a cinghie, le due voci relative le puoi pure cancellare.

Analogamente, se invece ci sono dei controlli che – sulla base della tua esperienza – vanno aggiunti, sentiti libero di inserirli nella tua scheda anagrafica.

Nella fase precedente ti avevo chiesto di indicare nelle note eventuali guasti ricorrenti o problemi frequenti. Ricordi?

Ecco che adesso puoi far tesoro di queste informazioni e creare dei controlli specifici per evitare che tali guasti si verifichino.

Per ognuna delle attività e dei controlli che inserisci nella scheda anagrafica, indica anche se puoi utilizzare le tue risorse interne o se – al contrario – hai bisogno di rivolgerti a società esterne. (ad esempio per il controllo vibrazioni e per l'equilibratura della girante)

*"Ok, ho capito. Adesso so quali controlli devo prevedere, e ho anche deciso se devo eseguirli io o chiamare un esperto esterno. Ma come faccio a sapere **ogni quanto** devo ripetere queste attività?"*

Probabilmente le società di manutenzione o gli altri costruttori ti hanno risposto con la parola più odiosa al mondo: *"Dipende!"*.

Quando qualcuno mi risponde in questo modo mi sale sempre un nervoso.

Capisco che a volte sia la verità, però quella parola mi lascia sempre la frustrazione di non aver risolto il mio dubbio.

Ecco perché voglio andare un po' oltre al semplice *"dipende"* e darti quantomeno un'indicazione di massima, che potrai usare come linea guida per definire le scadenze nel tuo piano di manutenzione.

Nella tabella seguente trovi quindi riportati – per ognuna delle attività viste sopra – il valore massimo dell'intervallo di tempo tra un controllo e quello successivo.

Attività o controllo	Intervallo di tempo	Ventilatore in funzione
Controllo vibrazioni cuscinetti	Ogni 6 o 12 mesi a seconda della severità del funzionamento	Si
Controllo temperatura cuscinetti	Ogni 6 o 12 mesi a seconda della severità del funzionamento	Si
Equilibratura girante	Quando necessaria per ridurre vibrazioni	No

Verifica serraggio bulloni	Ogni 12 mesi	Si
Allineamento giunto	Quando necessario	No
Verifica usura giunto	Ogni 6 mesi (max ogni 12 mesi)	No
Allineamento e tensione cinghie	Ogni 6 mesi (max ogni 12 mesi)	No
Verifica usura cinghie e pulegge	Ogni 6 mesi (max ogni 12 mesi)	No
Verifica usura tenuta albero	Ogni 6 mesi (max ogni 12 mesi)	No
Pulizia filtri in aspirazione	Quando necessario	No
Aggiunta grasso cuscinetti	Secondo indicazioni costruttore	Si
Sostituzione olio cuscinetti	Secondo indicazioni costruttore (max ogni 12 mesi)	No
Aggiunta grasso giunto	Secondo indicazioni costruttore	No

Adesso che hai visto questa tabella, posso immaginare cosa ti stia passando per la testa.

Probabilmente stai pensando:

"Mamma mia, come faccio a ricordarmi di tutte queste cose?"

Hai ragione. Solo per un ventilatore le attività e le scadenze che devi ricordarti sono molte.

Se poi le moltiplichi per tutti i ventilatori installati nel tuo stabilimento, è normale che ti senti sovrastato dalla mole di dati che devi tenere a mente.

Capisco perfettamente questo timore.

Occupandomi dei ventilatori per decine di clienti come te, non potrei fare affidamento solo sulla mia memoria. Stiamo infatti parlando di gestire qualche centinaia di queste macchine.

Per questo motivo sono stato costretto a ricorrere alla tecnologia per aiutare la mia memoria. (già scarsa di natura)

Il semplice trucco per creare un piano di manutenzione a prova di Alzheimer, grazie al quale potrai sgomberare la tua memoria dal peso di centinaia di scadenze da ricordare.

Lasciami fare una piccola premessa.

Quello che stai per leggere potrebbe sembrarti qualcosa di semplice.

Probabilmente non ti svelerò nulla di nuovo. Ma sono quasi certo che resterai sorpreso dal modo in cui ti consiglio di utilizzare lo strumento che sto per illustrarti.

Fino a qualche anno fa – complice una mente più giovane – facevo affidamento unicamente sulla mia memoria per gestire tutti i ventilatori dei miei clienti.

Tenevo a mente tutte le date degli interventi di manutenzione. Mi sforzavo di ricordarmi quali macchine dovevano essere riparate durante le fermate programmate.

Per ogni cliente avevo decine di rapporti di intervento, accumulati in montagne di dossier sparsi per l'ufficio.

Inizialmente non era così complicato riuscire a gestire il tutto.

Ma col passare degli anni, la quantità di informazioni da tenere a mente cresceva in modo esponenziale.

Inoltre, altri responsabili di manutenzione avevano deciso di aderire al mio programma ZERO ROTTURE. Questo significava altre tonnellate di dati da tenere a mente.

Ad un certo punto non ce la facevo più a stare dietro a tutto, a ricordarmi ogni singola attività da svolgere.

Stavo rischiando di perdere il controllo.

Sapevo che se mi fossi dimenticato di qualche intervento, probabilmente avrei causato danni enormi ai miei clienti.

Una mancata equilibratura durante la fermata programmata, poteva causare una rottura improvvisa – bloccando la produzione al mio cliente – col rischio di ferire il personale che lavorava intorno al ventilatore

L'avrei costretto a lavorare anche di notte – su doppi turni - pur di riparare quanto prima il ventilatore e rimettere in marcia l'impianto.

Non potevo – e non volevo – far correre questi rischi ai miei clienti.

Così ho iniziato a pensare a come poter prelevare tutti questi dati dalla mia mente e depositarli, al sicuro, in un sistema in grado di custodirli e – soprattutto – di rievocarli alla mia attenzione quando necessario.

Poi un giorno, mentre fissavo un appuntamento nel mio calendario elettronico, sono stato **folgorato da un'idea.**

Avevo trovato la soluzione che avrebbe risolto, una volta per tutte, il mio problema.

Usavo già il calendario di Google (gratuito) per inserire promemoria sugli appuntamenti più importanti. (te l'avevo detto che non ti avrei svelato nulla di nuovo)

Eppure non avevo mai pensato di utilizzarlo come strumento di pianificazione delle attività di manutenzione.

Da allora NON ho più quel senso di oppressione che provi quando hai troppe cose da tenere a mente.

**Quindi ecco quello che puoi fare per essere sicuro
– una volta creato il tuo piano di manutenzione –
di non saltare NESSUNA scadenza.**

Riprendi in mano tutte le schede anagrafiche dei ventilatori che hai compilato.

Per ogni singola macchina, inserisci nel calendario di Google (o quello che preferisci) una ad una tutte le attività, impostando le relative

www.ventilazionesicura.it
Copyright Ventilazione Sicura ™ 2016

date entro le quali hai previsto di effettuarle.

Imposta poi un promemoria che ti ricorda, con un certo anticipo (2-3 giorni), l'avvicinarsi di una particolare scadenza.

Chiaramente un piano di manutenzione NON si esaurisce in un solo anno, ma anzi devi applicarlo ciclicamente negli anni a seguire.

"Non mi dire che devo mettermi appiccicato al computer e ripetere a mano, anno dopo anno, tutte le scadenze del mio piano di manutenzione."

No, non ti spaventare.

Quasi tutti i calendari elettronici ti offrono una funzione fantastica.

Questa è forse **la parte più comoda** dell'utilizzare questi strumenti per gestire la manutenzione dei ventilatori.

Puoi infatti decidere che sia il calendario elettronico a replicare nel tempo – anche all'infinito – le attività che hai inserito, mantenendo sempre la stessa frequenza.

Ti faccio un piccolo esempio.

Immagina di dover effettuare il controllo delle vibrazioni di un ventilatore ogni 6 mesi.

Partendo da oggi, inserisci nel calendario – tra 6 mesi - questa attività.

Con la funzione *"Ripeti"* puoi replicare in automatico – mantenendo la stessa frequenza – questa attività ripetuta anno dopo anno. (con una cadenza semestrale avrai così due scadenze ogni anno)

Ecco quindi che – una volta completato questo processo per tutti i ventilatori - potrai finalmente **smettere di preoccuparti del tuo piano di manutenzione** ed essere così sicuro al 100% di rispettare ogni scadenza.

Ora che hai pianificato tutte le attività che devi svolgere, sei pronto per il passo successivo.

Rimboccati le maniche. È giunto il momento di passare dal piano all'azione.

TATTICA #3

GUARDATI DAI 2 GRANDI FALSI AMICI CHE – NELL'OMBRA – LOTTERANNO PER IMPEDIRTI DI PORTARE A TERMINE CON SUCCESSO IL TUO PIANO DI MANUTENZIONE DEI VENTILATORI

Quando cercherai di eseguire il tuo piano di manutenzione, è molto probabile che incontrerai due ostacoli che – se NON evitati per tempo – ti condurranno diritto al fallimento di tutti i tuoi buoni propositi.

Chi sono questi due nemici?

Si tratta di due errori che ogni essere umano è portato a commettere, quando cerca di pianificare qualsiasi progetto.

Partiamo subito con il primo di questi due sabotatori che devi assolutamente evitare.

Lascia che ti racconti una breve storiella, che penso possa aiutarti a comprendere meglio quello che sto per dirti.

È un breve racconto che ho sentito due anni fa da un monaco buddista, mentre mi trovavo in Thailandia per fare volontariato.

C'era una volta un anziano monarca, molto amato dai suoi sudditi per la sua grande saggezza.

Un giorno, chiese ai più grandi saggi del suo regno di scrivere la più favolosa opera sulla storia dell'essere umano. Un testo senza precedenti e che nessuno aveva mai avuto la forza di comporre.

I saggi si misero subito al lavoro, raccogliendo informazioni e storie da ogni angolo del regno.

Tornarono alla corte dopo 3 anni. Portavano su un carretto – trainato da eleganti cavalli – 10 tomi pesanti, avvolti in copertine di cuoio finemente lavorato.

Il Re alla vista di tutti quei libri sospirò. Rivolgendosi ai saggi disse:

"Non mi resta molto tempo, non riuscirò mai a leggere l'intera opera. Vi chiedo di riassumere e sintetizzare quei tomi in qualcosa di più breve."

Gli anziani obbedirono.

Passarono altri due anni prima che si presentassero di nuovo al cospetto del monarca. (che nel frattempo era sempre più anziano e ancora più debole)

Avevano lavorato duramente – senza sosta – cercando di togliere il superfluo, anche se ai loro occhi tutto era importante.

Erano però riusciti a ridurre a soli 5 volumi l'intera opera.

Il Re, sempre più triste, vedendo la mole di cose da sapere li rimproverò:

"Mi resta ancora meno tempo di prima e mai riuscirò a leggere tutto. Vi avevo chiesto di portarmi un'opera breve, ma ancora non avete obbedito al mio ordine."

I saggi erano in panico. Meno di quello non potevano scrivere sull'essere umano.

A quel punto un giovane monaco si alzò e chiese il permesso di parlare.

"Sire, ho io la risposta alla sua domanda."

Il monarca gli ordinò di iniziare a scrivere subito la sua opera.

"Maestà, non ho bisogno di carta e inchiostro. L'intera storia dell'essere umano è ben chiara nella mia testa"

E prosegui:

"L'essere umano nasce, vive nella sofferenza e nel piacere, ed infine muore."

Il monarca, dopo aver sentito queste parole, sorrise – soddisfatto –

un'ultima volta, prima di esalare il suo ultimo respiro.

Qual è la morale di questa storia, che puoi trasportare nel tuo lavoro di responsabile della manutenzione?

Devi evitare di comportarti come i saggi del Re.

L'idea di voler prendere in considerazione tutto è la radice – molto spesso – del fallimento e del non riuscire a compiere nemmeno il primo passo.

Questo è il primo errore che la maggior parte dei responsabili di manutenzione compie.

Il desiderio di avere tutto sotto controllo, di prevedere ogni possibile attività di manutenzione, sul 100% dei ventilatori, porta inevitabilmente a **NON riuscire a mettere in pratica il piano.**

Perché?

Immagino che tu sia già oberato di lavoro e di impegni.

Ogni giorno spuntano – come funghi in autunno – nuovi problemi sui diversi macchinari installati nell'impianto.

Dovendo combattere tra urgenze improvvise, "capricci" dei macchinari e cuscinetti che si guastano, l'intera giornata vola via come sabbia al vento, senza che te ne accorgi.

Poi ti ricordi che hai appena creato un piano di manutenzione dei ventilatori.

Hai letto questo libro e vorresti davvero metterlo in pratica.

Come i saggi del monarca, hai voluto tenere in considerazione tutto. Hai fatto un lavoro certosino. Ti sei ricordato di tutte le ventole che hai in impianto.

Guardi il calendario e hai 30-40 controlli da fare nella prossima settimana.

Ti rendi conto che non potrai mai farcela.

Non hai abbastanza personale qualificato.

In più in quei giorni hai delle riunioni importantissime. (anche se sai che non serviranno a nulla nella pratica)

E allora cosa fai?

Rimandi di una settimana o due, pensando:

"In fondo, il Signore delle Ventole ha detto che c'è un po' di flessibilità in quelle scadenze per i controlli di manutenzione."

In realtà però, se ascolti bene, dentro di te una vocina inizia farsi sentire.

È il tuo **"grillo parlante"** che ti sta avvertendo:

"Se lo rimandi adesso, quel controllo di vibrazioni non lo farai mai!"

Ma il volume della sua voce è troppo basso per superare il frastuono della routine quotidiana, delle sirene di allarme che strillano nella sala comandi.

Così cedi al caos delle **emergenze** sull'impianto.

Ti riprometti che alla prossima scadenza non rimanderai nulla, per nessun motivo.

Ma, sotto sotto, sai che NON sarà così.

Quindi come puoi schivare l'errore dei saggi del monarca, ed evitare così di restare impantanato nella palude del perfezionismo?

Devi ragionare come il giovane monaco nella storia che ti ho raccontato.

Concentrati sugli aspetti più importanti, quelli che da subito possono darti **enormi benefici** nel tuo lavoro.

Qual è lo scopo di un piano di manutenzione?

Il risultato più importante che puoi ottenere – seguendo quello che trovi in questa guida – è evitare guasti improvvisi che ti bloccano la produzione.

Ma non tutti i ventilatori sono uguali. Come abbiamo visto infatti ce ne sono alcuni critici ed altri invece che non ti causano fermate non programmate.

Quindi, se vuoi uscire dal vortice delle emergenze e ridurre drasticamente i guasti improvvisi, per prima cosa **concentra**

il poco tempo che hai a disposizione sui ventilatori critici.

Inoltre se stai iniziando ora ad eseguire un piano di manutenzione, focalizzati sui controlli da fare su un singolo ventilatore per volta.

Puoi ad esempio partire da quello che – secondo la tua esperienza – ha subito il maggior numero di guasti improvvisi negli ultimi anni.

Se tieni controllata – ed in buona "salute" – questa macchina, avrai meno urgenze che assillano le tue giornate.

Guadagnerai così una manciata di tempo in più, che potrai usare per avviare il piano di manutenzione su un secondo ventilatore.

E così via, innescando un circolo virtuoso.

Adesso che hai disinnescato **la trappola del perfezionismo**, (lo so, detto da uno che di cognome fa Perfettibile suona un po' strano) seguimi mentre ti svelo come sconfiggere anche il secondo nemico che dovrai affrontare nell'eseguire il tuo piano di manutenzione.

Usa questo semplice metodo in 3 passi, per scoprire se ti stanno truffando con la manutenzione dei ventilatori, sfilandoti soldi dal tuo portafogli, SENZA nessun beneficio per il tuo impianto.

Se non hai sufficiente personale, o quello che hai non è ben formato, ti trovi nella situazione di dover delegare – in parte o del tutto – le attività e i controlli che hai inserito nel tuo piano di manutenzione.

È del tutto normale – anzi è indice di intelligenza – affidare ad altri quanto non si riesce a svolgere da soli.

Devi però porre molta attenzione nello scegliere la società che dovrà prendersi cura dei tuoi macchinari.

Questa scelta può rappresentare per te la differenza tra il successo ed il fallimento come responsabile della manutenzione.

Ma come puoi scoprire se la società di manutenzione a cui ti vuoi rivolgere fa veramente al caso tuo?

Per aiutarti a rispondere a questa domanda, sono certo che ti sarà utile leggere quanto successo, qualche anno fa, ad un mio cliente.

Nicola è il responsabile di manutenzione di una azienda veneta che produce materie prime per il settore farmaceutico.

È un personaggio fantastico. Un gigante buono, sempre cordiale e felice. (complice la sua passione per il vino, da buon veneto)

Che io sappia, lavoriamo con Nicola e la sua azienda da sempre. Mio padre ha venduto loro il primo di una lunga serie di ventilatori molti anni fa, quando io ero ancora un marmocchio alle prese con le tabelline e intento a scrivere le prime lettere.

Circa due anni fa mi sono reso conto di un preoccupante aumento dei ricambi ordinati da questo mio cliente.

Nel giro di pochi mesi, infatti, mi hanno ordinato per ben sei volte gli stessi cuscinetti, sempre come ricambi per lo stesso ventilatore.

Ora, è chiaro che vendere ricambi ai miei clienti NON è un'attività spiacevole per la mia azienda.

Però quella sequenza di ordini tutti uguali **mi preoccupava**.

Quando progetto una macchina scelgo i cuscinetti in modo che possano avere una durata teorica di almeno 50.000 ore. (cioè circa 5 anni)

Ovviamente poi le condizioni di esercizio e quelle ambientali – così come la manutenzione – possono causare una durata effettiva minore di quella teorica.

È quindi normale che sia necessario sostituire i cuscinetti dopo 2-3 anni.

Ma se ti ritrovi ogni 3 mesi a dover sostituire i cuscinetti del ventilatore, allora c'è un GRAVE problema alla radice che devi risolvere, prima di prosciugare completamente il tuo già risicato budget per i ricambi.

Mi sono così deciso a chiamare Nicola e chiedergli cosa stava succedendo a quel ventilatore.

"Perfettibile, non so cosa dire. Non è cambiato niente nel funzionamento del ventilatore o dell'impianto. Solo che adesso siamo costretti a cambiare i cuscinetti dopo 3-4 settimane che hanno lavorato."

Voglio vederci chiaro e trovare la vera causa di questi guasti così frequenti.

Mi offro di andare a fare da supervisore quando monteranno i nuovi ricambi appena ordinati.

La settimana successiva sono in stabilimento da Nicola.

Poco dopo il mio arrivo, si presenta la società che gestisce la manutenzione di tutte le macchine presenti in stabilimento.

Chiedo a Nicola di darmi qualche informazione su questa azienda esterna.

"Dall'inizio di quest'anno sono loro che si occupano di tutti i macchinari. Se c'è da eseguire qualche riparazione o da smontare e rimontare qualsiasi macchina, chiamiamo loro. Sono molto veloci a lavorare e i miei colleghi degli acquisti dicono che sono i più economici."

Un **brutto presentimento** si fa largo nella mia mente.

Li guardo mentre smontano i cuscinetti ormai guasti. Con una leva ed un martello cercano di farli muovere lungo l'albero.

Non riesco a resistere.

"Scusate, capisco che i vecchi pezzi sono da buttare. Però state rovinando tutto l'albero in questo modo. Guardate come l'avete graffiato."

I due operai mi fissano per un attimo.

Poi uno di loro – come per sfidarmi – sferra una martellata ancora più forte di quelle precedenti. Il cuscinetto striscia - strappando riccioli di metallo dalla superficie dell'albero - fino a cadere a terra.

Dico a Nicola che prima di mettere i nuovi cuscinetti, è meglio riparare l'albero devastato dal lavoro di quei due incompetenti.

Mi ascolta e manda l'albero in officina per ripristinare la superficie liscia – e con le giuste tolleranze – necessaria ad un corretto funzionamento dei cuscinetti.

Dopo 45 minuti il pezzo torna dall'officina e siamo tutti pronti per installare i nuovi ricambi.

Uno dei due operai ne prende uno, lo posiziona sull'albero

e – martello in mano – si prepara a sferrare un forte colpo sul povero cuscinetto.

Alla vista della scena **perdo le staffe.**

Inizio ad urlare.

"Ma cosa diavolo stai fac…"

Non faccio in tempo a finire la frase.

Il martello colpisce forte e rumorosamente sull'anello esterno del cuscinetto, che si deforma per il colpo ricevuto.

Col mio corpo impedisco ai due uomini di continuare il lavoro. Guardo il mio cliente in faccia:

"Nicola, allontana IMMEDIATAMENTE questi due dal ventilatore. Ti stanno distruggendo le macchine. **È tutta colpa loro** *se ogni 3 settimane ti ritrovi con i cuscinetti distrutti."*

I due iniziano a minacciarmi brandendo il martello in aria.

Io non desisto. Resto immobile a proteggere il mio ventilatore.

Uno di loro mi mette la mano alla gola.

A quel punto Nicola perde la calma che lo contraddistingue. Solleva di peso il mio aggressore e lo porta verso l'uscita.

Il secondo dei due per un attimo non sa cosa fare. Poi corre in soccorso del suo compare.

Mi rilasso. Il ventilatore è salvo.

Nicola torna dopo 10 minuti. **È furioso.** Vuole delle spiegazioni da me.

Vuole capire perché mi sono comportato in quel modo così folle.

"Nicola, quei due non sono dei manutentori. Sono dei criminali. NON hanno la minima idea di cosa stavano facendo."

Lui mi fa notare che seguono tutte le macchine nello stabilimento, che non c'è nulla che non sanno fare.

"Ed è proprio questo il problema. Sono dei generalisti, dei tuttologhi. Per questo motivo NON sono esperti in nessun campo.

Montare un cuscinetto è un **compito delicato e di precisione**, *non si può fare a martellate."*

Alla fine Nicola ha capito quello che stavo dicendo. Mi ha chiesto di far intervenire un mio tecnico a terminare il lavoro.

Il giorno seguente sono tornato con un mio addetto al montaggio. Sotto gli occhi curiosi del mio cliente, abbiamo montato i due cuscinetti a regola d'arte.

È rimasto stupito da quanta delicatezza e precisione fosse necessaria.

Ancora oggi – ogni volta che mi vede – Nicola tira fuori questa storia e mi ringrazia per averlo salvato dalla **banda del Martello Nero**. (mi sono inventato questo nome per tutte quelle società di manutenzione generiche che – come il Dio Thor – risolvono tutto a suon di martellate)

Quindi se vuoi evitare di finire ostaggio di questi **manutentori improvvisati**, ecco alcuni criteri che puoi utilizzare per valutare il migliore fornitore a cui affidare la gestione dei tuoi ventilatori:

1. **Affidati ad uno specialista**: come avrai capito dalla storia di Nicola, devi fidarti solo di un fornitore che può dimostrarti una lunga esperienza nel campo dei ventilatori.

   Riflettici un attimo, ti faresti operare alla mano da un medico di base? No. Sicuramente ti rivolgeresti ad un ortopedico specializzato nella chirurgia della mano. Allo stesso modo per la manutenzione di una ventola, lascia perdere i martellatori e ricerca uno specialista di queste macchine.

2. **Cerca un servizio completo**: l'azienda a cui devi rivolgerti deve essere in grado di fornirti assistenza completa, dalla A alla Z. Le bande del Martello Nero possono infatti far finta di saper smontare un ventilatore. Ma certamente non saranno capaci di fornirti un pezzo di ricambio o di riparare una girante.

Se vuoi evitare di doverti rivolgere a 3-4 fornitori diversi per sostituire un solo componente di una ventola, affidati ad una società che sia anche capace di progettare e produrre qualsiasi pezzo necessario ai tuoi ventilatori.

3. **Valuta i risultati**: la stragrande maggioranza delle società di manutenzione ti assicura la disponibilità del personale per svolgere le attività di riparazione che si rendono necessarie. NESSUNA però si prende in carico **la responsabilità sui risultati della manutenzione**. Nel programma ZERO ROTTURE ho creato alcuni indicatori di prestazione che i miei stessi clienti possono utilizzare per misurare i reali benefici del mio lavoro. Inoltre – come vedrai più avanti in questa guida – puoi utilizzare questi indicatori anche per dimostrare in maniera oggettiva i risultati del tuo lavoro a colleghi e superiori.

Se hai già dei fornitori ai quali hai affidato la manutenzione dei ventilatori, prova a valutarli seguendo i tre punti precedenti.

Ti consiglio di cambiare tutti i fornitori che non superano questo semplice test.

Potrebbero essere infatti la causa di enormi spese in ricambi e riparazioni senza che tu riesca ad accorgetene.

Giusto per farti capire quanto sia importante affidare ad uno specialista la manutenzione dei ventilatori, ti riporto di seguito una mail ricevuta da un mio cliente.

Da: BIANCO, Ermanno [mailto:ermanno.bianco@solvay.com]
Inviato: martedì 16 agosto 2016 11:34
A: diego.perfettibile
Oggetto: Re: R: I: ventilatore

Buon giorno sig. Perfettibile.
In risposta alle sue domande, posso dirle che mi sono rivolto a voi, in quanto gia' vi conoscevo per fornitura ed assistenza di un ventilatore critico, e mi sono trovato sempre pienamente soddisfatto.
Mi sono rivolto a voi anche questa volta, per la revisione completa di un vecchio ventilatore di costruzione danese, fiducioso del vostro impeccabile lavoro.
IL servizio ricevuto da voi non si 'e' limitato alla revisione della macchina nella vostra officina, ma sono state da voi anche verificate le condizioni di esercizio, dandoci consigli su come migliorare l' installazione.
Consiglierei senza indugio ad altre persone di rivolgersi a voi per ogni problematica di ventilazione.

Ermanno BIANCO

Responsabile manutenzione

Solvay Solutions Italia s.p.a.

www.ventilazionesicura.it
Copyright Ventilazione Sicura ™ 2016

A parte la soddisfazione sul servizio ricevuto, vorrei che ti focalizzassi su questa frase:

"Il servizio ricevuto da voi non si è limitato alla revisione della macchina nella vostra officina, ma sono state da voi anche verificate le condizioni di esercizio, dandoci consigli su come migliorare l'installazione."

Proprio queste parole ti dimostrano quanto sia fondamentale rivolgersi a dei professionisti.

Un manutentore generico NON sarà mai in grado di consigliarti su "come migliorare l'installazione".

Tutto quello che potrà fare è sostituirti i cuscinetti – anche se non è necessario – ed inviarti la fattura da pagare.

Ora che sai come mettere in pratica – nel migliore dei modi - il tuo piano di manutenzione possiamo passare alla fase successiva.

Nelle prossime pagine ti mostrerò il passo fondamentale per trasformare il tuo piano di manutenzione in un processo in continuo miglioramento.

TATTICA #4

ECCO COME – GRAZIE AL TUO DIARIO DI GUERRA – PUOI RIVENDICARE LE TUE VITTORIE SUL CAMPO, METTENDO A TACERE COLLEGHI E FORNITORI CHE CERCANO DI SCARICARE SUL TUO LAVORO LE CONSEGUENZE DELLE LORO SCELTE SCELLERATE.

Se riesci a rispettare le scadenze per tutte le attività ed i controlli che hai inserito nel tuo piano di manutenzione è già un ottimo risultato.

Hai infatti tagliato il traguardo che il 70% dei responsabili di manutenzione non riesce a raggiungere.

Se però decidi di NON accontentarti e prosegui nella lettura di questa guida, potrai scoprire come restituire il giusto valore ed importanza al tuo ruolo in azienda.

Quello che infatti ho notato parlando con molti tuoi "colleghi" è che spesso **il servizio di manutenzione è visto solo come un odioso costo aggiuntivo.**

Un mio cliente una volta – per descrivere come si sente trattato in azienda – ha usato queste parole:

*"Sono stufo di essere considerato come il **maggiordomo** della produzione."*

I continui tagli al personale e le pesanti riduzioni dei budget messi a disposizione della tua funzione, sono la prova tangibile di questa tendenza. (a mio avviso suicida)

Lavorare in condizioni simili non è chiaramente così semplice.

Ti ritrovi con impianti oramai datati.

Sempre più spesso ti vengono fornite macchine che, matematicamente, si **rompono** dopo pochi giorni dalla fine della garanzia.

L'ossessione degli uffici acquisti per acquistare al prezzo più basso possibile, sta riempiendo lo stabilimento di cianfrusaglie.

Sei accerchiato da macchine che – come **bombe ad orologeria** – sono progettate per esplodere quando il timer della garanzia arriva a zero.

Tu lo sai. Basterebbe pagare qualcosina in più sull'acquisto, per risparmiare dieci volte tanto durante tutti gli anni di funzionamento dell'impianto.

Ma NON puoi dimostrarlo.

Ti mancano i numeri giusti per ribaltare molti dei costi di manutenzione sulle folli scelte basate solo sul prezzo.

Anzi, le ingenti spese in riparazioni e ricambi – che crescono in maniera esponenziale – ti vengono rigirate come conseguenza di una tua gestione NON efficace della manutenzione.

Se ti trovi in questa situazione, ho una buona notizia per te.

Puoi – e devi – creare un sistema di misurazione e di analisi che ti possa fornire gli indicatori di prestazione.

È grazie a questi indicatori che potrai finalmente dimostrare - numeri alla mano - l'importanza della tua funzione, e **schivare così tutte le accuse di negligenza o incapacità** che potranno essere mosse nei tuoi confronti.

Quello che sto per dirti – molto probabilmente - puoi applicarlo a qualsiasi macchinario.

Io però sono esperto solo di ventilatori, pertanto sarà a queste macchine che farò riferimento nei prossimi paragrafi.

Per realizzare il tuo sistema di indicatori, il primo passo da compiere consiste nel registrare tutti i risultati di controlli preventivi e le attività di riparazione svolte.

Nella scheda anagrafica del ventilatore (il file di cui ti ho parlato all'inizio di questo libro) ho inserito una seconda sezione chiamata *"Registro attività svolte"*.

In questa tabella dovrai inserire – per ognuna della attività o controlli che hai indicato nella *"Scheda dati"* – la data ed il risultato del controllo o il valore della misura effettuata.

Sono certo che **un esempio renderà tutto più chiaro.**

Immagina di aver previsto per un ventilatore di effettuare il controllo di vibrazioni e temperatura sui cuscinetti nel giorno 3 ottobre 2016.

I valori che hai misurato – o che il tuo fornitore ha misurato – sono i seguenti:

- cuscinetto lato girante: vibrazioni 3,8 mm/s, temperatura 75°C
- cuscinetto lato trasmissione: vibrazioni 3,2 mm/s, temperatura 69 °C

Quello che devi fare è compilare la tabella come vedi nella figura che segue.

N.B. Io ho usato LG (Lato Girante) e LT (Lato Trasmissione) come sigle per distinguere le due misure. Ovviamente puoi scegliere altre sigle, l'importante è che ti sia semplice capire a cosa si riferiscono.

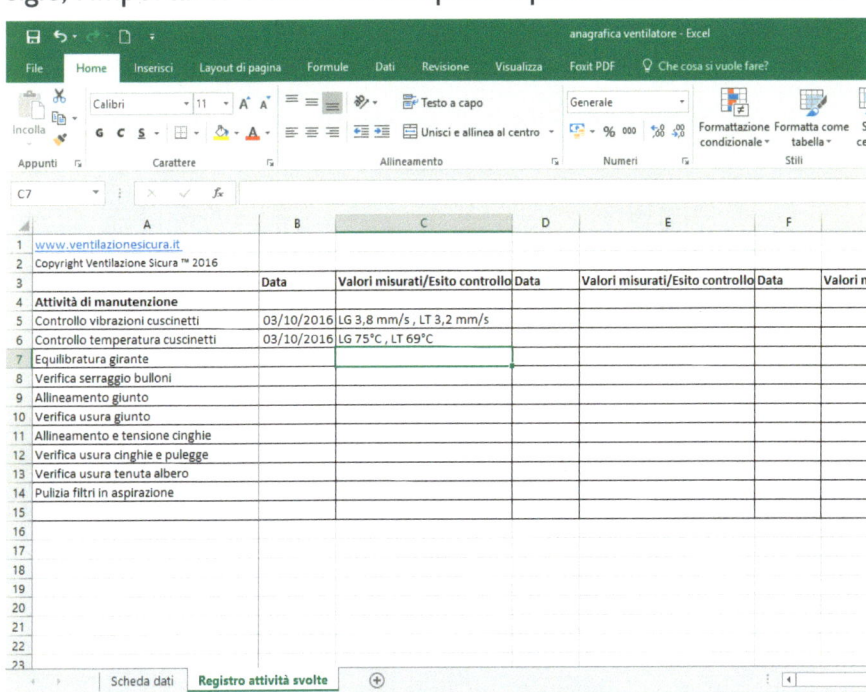

Perché è così importante che tu tenga traccia di tutte le attività che svolgi e dei risultati dei controlli preventivi?

Innanzitutto in questo modo avrai sempre a portata di mano la prova certa del fatto che **tu svolgi con precisione e professionalità il tuo compito** di responsabile della manutenzione.

Potrai così respingere al mittente tutte le accuse di negligenza che ti arrivano dai tuoi colleghi o – peggio ancora – dai fornitori.

Ma non finisce qui.

Devo infatti svelarti **una triste verità** a proposito dei miei colleghi costruttori di ventilatori.

Molti di questi produttori – non tutti per fortuna, ma pur sempre una buona maggioranza – negli ultimi anni hanno dedicato tutti i loro sforzi nel cercare di ridurre al minimo possibile il prezzo di vendita dei loro prodotti.

Per farlo, ovviamente, sono stati costretti a compiere delle scelte per abbattere i costi delle materie prime e di produzione.

Hanno così deciso di eliminare quasi tutti i rinforzi strutturali, quelle nervature che si usano per irrigidire le lamiere.

Scelgono di installare cuscinetti di pessima qualità. (copie cinesi delle principali marche)

Gli spessori delle lamiere utilizzate si sono ridotti al minimo sindacale e – sempre più spesso – sono eliminate quasi del tutto le costose saldature.

Ovviamente è possibile ottenere tutte queste "ottimizzazioni" del costo, solo a patto di rinunciare all'affidabilità dei ventilatori.

Vengono progettati di proposito per durare solo fino alla fine della garanzia. Non è una tua impressione, è la verità alla base del "prezzaccio" di molti costruttori di ventilatori.

Ovviamente non possono ammettere – a te che sei cliente – di averti truffato in questo modo, usando il basso prezzo come specchio per le allodole.

Ma allora come fanno a continuare a vendere?

Semplice.

Quando tu li chiami infuriato perché la macchina si è completamente distrutta, dopo solo due anni di funzionamento, ribaltano su di te la colpa.

Ti accusano di non aver effettuato una corretta manutenzione, come da loro indicato nel manuale.

Ecco che a questo punto, grazie alla scheda anagrafica dei ventilatori, **hai l'asso nella manica per smascherare il loro imbroglio** ed obbligarli ad assumersi le loro responsabilità.

Ma non finisce qui.

Tenere un registro aggiornato delle tue attività di manutenzione, ti permette di creare una "storia" di ogni ventola, dalla quale ricaverai numerose informazioni che ti permetteranno di ridurre a zero le fermate non programmate.

Hai mai sognato di avere poteri soprannaturali ed essere in grado di prevedere il futuro?

Se tieni traccia dei risultati dei tuoi controlli e di quali guasti si sono verificati nel passato, ti sarà possibile col tempo costruire una "storia" di ogni singolo ventilatore.

Questa serie di dati è – in realtà – il tesoro più prezioso per un responsabile di manutenzione come te.

Perché?

In quella che è chiamata manutenzione predittiva, il dato più importante NON è la misura che hai fatto oggi di una certa grandezza.

Quello che ti permette realmente di decidere se programmare o meno una attività di riparazione, o manutenzione, è l'andamento nel tempo di quella stessa grandezza.

In gergo questo andamento viene chiamato *trend*. (tendenza in italiano)

Cerco di rendere più chiaro quello che hai appena letto con un esempio.

Ti porto ancora il caso reale di un mio cliente, perché credo che ti possa essere più utile dei soliti esempi teorici.

Giuseppe – responsabile di manutenzione in una vetreria veneta – gestisce, tra i vari macchinari installati, uno dei miei ventilatori che ho fornito per la tempra del vetro.

Qualche anno fa ha ascoltato il mio consiglio e ha installato sui cuscinetti dei sensori permanenti (chiamati accelerometri), così da registrare in modo continuo i valori di vibrazione del ventilatore.

Una volta al mese ricevo da Giuseppe una mail con le misure registrate ora dopo ora.

Inserendo questi numeri in un foglio di Excel riesco in pochi minuti ad avere un grafico, grazie al quale **con un semplice colpo d'occhio posso verificare che non ci siano problemi.**

Qualche mese fa l'andamento delle vibrazioni era come quello nella figura seguente.

I valori di questa grandezza – per buona parte del tempo e nei mesi precedenti – sono rimasti compresi tra 4 e 5 mm/s.

Ad un certo punto però – improvvisamente – le vibrazioni sono salite molto velocemente arrivando a sfiorare il valore di 7 mm/s.

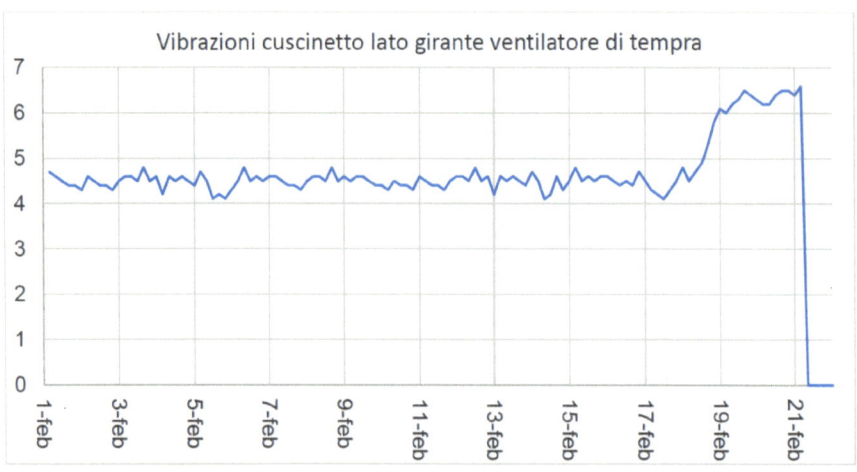

Nel corso degli anni sono riuscito a trasmettere un po' della mia conoscenza a Giuseppe, che è sempre curioso di tutto ciò che riguarda la manutenzione industriale.

È per questo motivo che – dopo aver visto l'impennata nel valore di vibrazioni – ha spento subito la macchina e mi ha chiamato. (ecco perché nel grafico il grafico scende a picco al valore zero nella giornata del 21 Febbraio)

Ma torniamo all'esempio di Giuseppe.

Nei mesi precedenti i sensori hanno registrato delle vibrazioni inferiori a 5 mm/s.

Seguendo la normativa per le vibrazioni, (che è la ISO 10816) il ventilatore può lavorare per un periodo infinito con quei valori di vibrazione.

Ovviamente questo non significa ignorarli. Però è possibile aspettare la prima fermata programmata per cercare di ridurli con una bilanciatura.

Ed infatti questo era il programma: intervenire durante la fermata di agosto.

Ma ecco che, grazie alla serie dei dati misurati nei mesi precedenti, è stato possibile intercettare un futuro guasto improvviso ancora prima che potesse verificarsi.

L'improvvisa e rapida salita dei valori di vibrazione rispetto al *trend* dei mesi precedenti, è stato un chiaro campanello di allarme che ha permesso a Giuseppe di evitare le conseguenze disastrose della rottura di un cuscinetto.

Il giorno seguente infatti ho mandato un mio tecnico per un'analisi più approfondita.

Abbiamo scoperto così che il cuscinetto stava per raggiungere la fine della sua durata.

Il ventilatore poteva ancora funzionare in sicurezza – tenendolo comunque sotto controllo – per qualche mese ancora, ma non sarebbe durato fino alla fermata programmata per agosto.

Avendo a disposizione un discreto preavviso, è stato possibile per Giuseppe organizzarsi per l'intervento di manutenzione **senza bloccare la produzione.**

Ci siamo così accordati sul primo week end del mese seguente.

In quei due giorni infatti avevano già in programma di fermare l'impianto per il periodico riposo del personale produttivo.

Pertanto, grazie alla serie di dati registrati, Giuseppe è riuscito ad organizzare un intervento di manutenzione SENZA dare fastidio ai programmi di produzione, **evitando di dover lavorare in condizioni di emergenza.**

Ma soprattutto – se si fosse affidato ad una società di manutenzione generica – Giuseppe avrebbe dovuto pagare numerose fatture per interventi di equilibratura della girante.

Questi fornitori infatti si limitano a misurare i valori di vibrazione e – se viene superato il valore di 3 mm/s – ti dicono che è necessario procedere con una bilanciatura.

Ma cosa ancora peggiore, nessuno si sarebbe accorto con un così largo anticipo, dell'insorgere dei problemi nei cuscinetti.

Avrebbero risolto il tutto con l'ennesima equilibratura. (con relativa fattura da pagare)

Ed un bel giorno Giuseppe si sarebbe ritrovato con il ventilatore distrutto, pezzi di lamiera sparsi ovunque nel capannone e magari **qualche operaio in sala di rianimazione in ospedale.**

Purtroppo le società di manutenzione generica lavorano così. Alcune lo fanno in buona fede, convinti di fornire un buon servizio.

Altre invece ti vedono solo come una mucca da mungere.

Tu non te ne intendi molto. Loro ti dicono che è scritto così nelle norme europee. Pensi che gli esperti sono loro e quindi ti fidi.

In realtà – come i più esperti scippatori – ti stanno solo sfilando soldi dal portafoglio, distraendoti con parole difficili e riferimenti a normative.
(che spesso non esistono)

Come faccio a dirlo?

Perché è quello che è successo a moltissimi dei miei clienti prima che iniziassero a lavorare con me.

Quando poi ho mostrato loro cosa dice realmente la normativa, non hanno avuto più dubbi. Hanno buttato fuori dalla finestra queste società parassite e hanno iniziato a seguire gli stessi consigli che stai leggendo in questa guida.

Forse a questo punto mi domanderesti:

"E perché mai tu dovresti essere diverso?"

Per un semplice motivo.

Io sono un costruttore di ventilatori industriali.

Pertanto è mio interesse fare in modo che la manutenzione dei miei macchinari ti costi il meno possibile.

A differenza delle società di cui ti ho parlato, meno ti faccio spendere nel funzionamento e nella gestione delle mie macchine, meglio è per la mia azienda.

Compreresti mai un'automobile sapendo che ogni mese dovrai portarla dal meccanico per tenerla in un buono stato?

No vero?

Ecco perché sono io il primo a volerti far risparmiare il più possibile nella manutenzione dei ventilatori. (sia che siano i miei o quelli di altri)

"Già, dite tutti così a parole. Ma poi nei fatti?"

Hai perfettamente ragione.

Anche io purtroppo ho avuto a che fare con molti (troppi) fornitori pieni di promesse mentre vendevano, immancabilmente infrante quando si è trattato di passare ai fatti.

Quindi capisco la tua diffidenza.

In fondo vista la situazione in cui viviamo in Italia – dove un fornitore affidabile e che rispetta le sue promesse è raro come un quadrifoglio – non hai tutti i torti a non fidarti.

Ora se permetti, vorrei raccontarti un po' chi sono e come la mia storia mi ha portato a voler scrivere questa guida e soprattutto a creare il programma ZERO ROTTURE.

Non ti preoccupare, non voglio certo raccontarti tutta la mia vita privata, dal primo pianto fino ad oggi. (anche perché molto probabilmente ti ucciderei di noia)

Però credo che se sei arrivato a leggere fino a questo punto ti starai facendo qualche domanda su di me e vorresti sapere:

"Chi sono io per svelarti tutti questi trucchi sulla manutenzione dei ventilatori e – soprattutto – perché ho deciso di scendere in campo a difesa dei responsabili di manutenzione?"

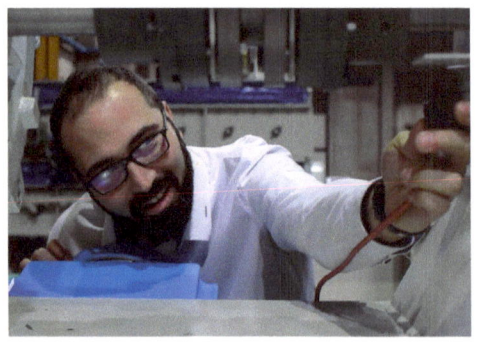

Come ti ho detto all'inizio di questo libro, mi chiamo Diego Perfettibile e gli ultimi 11 anni li ho passati a progettare ventilatori di processo per gli impianti industriali.

Si può dire che sono un *"figlio d'arte"* in un certo senso.

Mio padre ha fondato la PBN ventilatori industriali nel lontano 1976, ancora prima che nascessi.

Poiché - come andava di moda ai tempi – la casa di un imprenditore era sempre davanti alla sua azienda, sono praticamente cresciuto in mezzo a pezzi di ventilatori e ventole enormi.

Nel 2005 mio padre è venuto a mancare – all'improvviso – lasciando l'azienda in mano a me e mio fratello, Andrea.

All'epoca eravamo proprio due "pivelli", io avevo appena finito la laurea in ingegneria meccanica e mio fratello – più piccolo – stava ancora studiando.

Come era facile aspettarsi, il primo anno abbiamo avuto non poche difficoltà nel prendere in mano le redini dell'azienda. (detto in altre parole, abbiamo fatto un po' di casino con ritardi e qualche fornitore si è anche preso gioco di noi)

Superata questa prima fase, siamo riusciti ad essere riconosciuti dai vecchi clienti come validi sostituti di nostro padre.

Non voglio vantarmi, sia chiaro.

Anzi credo che il merito sia in gran parte di mio padre, che ci ha insegnato a non fermarci mai, nemmeno quando la situazione sembra più grande di quanto si possa gestire.

Purtroppo dopo pochi anni la mia tempra è stata nuovamente messa a dura prova, con la famosa crisi del 2008.

E così, come in una corsa sulle montagne russe, siamo precipitati nuovamente in una situazione di difficoltà e di crisi.

Siamo riusciti a risollevarci abbastanza in fretta, ma purtroppo la situazione per molti dei miei clienti era cambiata in modo irreversibile.

Il calo dei mercati si è abbattuto come una falce sugli investimenti in nuovi macchinari e sui costi di manutenzione degli impianti.

In quegli anni è iniziata la moda della riduzione dei costi, sbandierata dai vari consulenti di direzione come la soluzione per uscire dalla crisi, peggiorando in realtà la competitività delle aziende loro clienti.

Mi trovavo così ad avere a che fare con uffici acquisti il cui unico obiettivo – incentivato con premi elargiti dalla stessa direzione – era quello di ottenere il *prezzaccio* più basso possibile.

Gli effetti di queste scelte sono sotto gli occhi di tutti.

Impianti realizzati con macchinari di bassa qualità, fragili come bicchieri di cristallo che continuamente si guastano.

Più passava il tempo, più vedevo crescere una forte insofferenza tra chi – come te nella tua azienda – si trovava a dover garantire il funzionamento continuo e gestire la manutenzione di queste macchine.

Quello che più o meno tutti i miei clienti lamentavano, è perfettamente riassunto nelle parole di Antonio, responsabile di manutenzione di una acciaieria bresciana mia cliente:

- Come responsabile di manutenzione mi viene chiesto ogni giorno di **compiere un miracolo**, dovendo garantire che gli impianti siano sempre in funzione, SENZA poter programmare fermate di manutenzione

- Il budget per gli acquisti di ricambi e per il costo del personale interno, viene limato sempre di più, anno dopo anno. Come risultato mi trovo a dover fare i salti mortali – **lavorando spesso su doppi turni** – per risolvere le urgenze dettate da guasti e fermate non previste

- La mia squadra di manutenzione è stata decimata negli ultimi anni e faccio fatica a trovare società esterne veramente capaci, in grado di GARANTIRMI un'assistenza completa, senza problemi e continui interventi di riparazione.

- I ventilatori che abbiamo in stabilimento, stanno arrivando alla fine della loro vita utile. Come se non bastasse, quei pochi che vengono acquistati, sembrano essere programmati per distruggersi dopo la fine del periodo di garanzia. **Sono stufo di dover riparare continuamente le ventole, lavorando sempre di corsa e con un magazzino ricambi oramai deserto.**

Non so se ti ritrovi nelle parole di Antonio, ma questa è la situazione che molti miei clienti hanno denunciato, con sempre più forza, nel corso degli anni.

La risposta più ovvia a questa lenta decadenza degli impianti industriali, è chiaramente di acquistare macchinari più affidabili e progettati per funzionare a lungo.

Ma so benissimo che macchine di questo tipo – più costose rispetto ai prodotti standard che trovi a catalogo – NON sono ben viste dai tuoi colleghi degli acquisti.

Mi trovavo quindi di fronte ad un bivio.

La strada più semplice e veloce da percorrere, era quella di fregarmene di quanto stava accadendo a te e a tutti gli utilizzatori in generale.

Potevo continuare a vendere i miei ventilatori a chi progetta ed installa impianti nel mondo e chiudere gli occhi di fronte allo scempio che alcuni miei concorrenti stanno portando nelle aziende italiane.

L'alternativa, era di scegliere la strada in salita – quella poco battuta – che mi avrebbe obbligato ad escogitare un sistema per combattere questa **tendenza suicida** della riduzione dei costi.

Il fatto che tu stia leggendo questa guida, ti dice quale delle due strade ho scelto di percorrere.

Ho scelto di portare il mio contributo – seppur piccolo – alla lotta contro il degrado degli impianti industriali e la conseguente moria delle aziende a causa di un'emorragia di produttività

Si hai letto bene. Si tratta di una vera e propria emorragia di produttività.

È paradossale, ma l'ossessione per la riduzione dei costi ha portato, in realtà, ad un'esplosione dei costi di gestione e di mancata produzione.

"Chi più spende meno spende" mi ripeteva sempre mia nonna da piccolo.

La vecchia saggezza popolare oggi sembra essere svanita. La smania di obiettivi a breve, ha cancellato una cultura sviluppata in secoli di tentativi ed errori.

Decidere di mettermi al fianco dei responsabili di manutenzione per combattere questa battaglia – che può sembrare persa in partenza – non è stato semplice ed immediato.

Il fronte nemico è infatti enorme, un'intera massa di consulenti di direzione e responsabili degli acquisti, alleati nella ricerca del *"prezzaccio"* come se fosse il Santo Graal.

In diverse occasioni la tentazione di arrendermi è arrivata quasi a sopraffarmi.

Mi sembrava davvero di essere impegnato in una battaglia con i mulini a vento.

Per quanto ci provassi, nonostante i fatti reali mi davano ragione, non riuscivo a sfondare la trincea del prezzo più basso, dietro la quale si rintanavano i tuoi colleghi degli acquisti.

Poi un giorno – proprio quando mi stavo per rassegnare – le parole di un elegante americano hanno svelato ai miei occhi **un percorso che non avevo mai considerato.**

Mi trovavo ad un corso di formazione, insieme ad altri 400 imprenditori.

Sul palco, uno dei più grandi esperti di business mondiali, stava raccontando di come aveva aiutato diverse aziende a sviluppare una forte presenza nel mercato.

Ad un certo punto questo signore – il cui nome è Jay Abraham – se ne esce fuori con una frase che mi ha letteralmente illuminato.

"Il segreto è rendere più facile per i vostri clienti l'utilizzo dei vostri prodotti. Dovete pensare ai problemi che potrebbero dover affrontare e poi raccontare loro come prevenirli. Non importa se non ne sono consapevoli, è vostro dovere informarli ed aiutarli ad ottenere il massimo da quello che producete"

Questo consiglio – semplice nella sua essenza – mi ha dato la giusta direzione da seguire.

Il giorno dopo ho aperto il blog Ventilazione Sicura, proprio con lo scopo di *"informarti ed aiutarti ad ottenere il massimo dai ventilatori"*

Ma questo ancora non era sufficiente. Volevo fare di più.

Mi sono imposto la missione di trovare un metodo per risolvere i tuoi problemi della manutenzione dei ventilatori – in maniera definitiva ed efficace – SENZA appesantire ulteriormente il tuo carico di lavoro.

Sono cosciente che NON viviamo in un mondo ideale.

Anche io, come te, vivo in una continua corsa tra un impegno e l'altro. Ci sono le riunioni e le mille urgenze da affrontare.

Anche se hai letto questa guida – e magari sono riuscito a convincerti dell'importanza di una corretta manutenzione sui ventilatori – mettere in pratica i consigli che ti ho dato non è così semplice, vero?

Diciamoci la verità. Il tempo per seguire un piano di manutenzione su queste macchine NON sapresti proprio dove trovarlo.

Gli impianti che gestisci sono infatti molto complessi, composti da un'infinità di macchinari, ognuno con i suoi problemi e le sue difficoltà di gestione.

Per contro, concordo con te che affidarsi a società di manutenzione esterne è sempre un terno al lotto.

Come già visto nelle pagine precedenti, molte di queste aziende NON ti possono garantire una reale riduzione dei costi di gestione delle macchine.

Innanzitutto perché non sono specializzate su un particolare tipo di macchinario.

Essendo dei manutentori generici, non hanno nessuna idea di quali accorgimenti particolari prendere quando montano dei componenti.

Né tantomeno hanno le giuste competenze per riconoscere dei problemi specifici e risolverli in maniera definitiva.

Se sentono il cuscinetto di un ventilatore emettere dei rumori strani, l'unica cosa che possono fare è sostituirlo, senza ricercare e risolverti la causa di quel guasto. (che potrebbe essere una scarsa lubrificazione o la girante sbilanciata)

In questo modo continui a spendere un patrimonio in ricambi e ore di manodopera, senza mai risolvere alla radice il problema.

Ecco perché ho passato mesi a studiare **un vero e proprio sistema per toglierti il peso della manutenzione dei ventilatori.**

Mi sono confrontato con diversi miei clienti. Ho studiato tutte le normative che esistono sulla manutenzione.

Ma più di ogni altra cosa, ho sudato sette camice per trovare il modo di mettere a tua disposizione un sistema capace di fornirti un vero e proprio risultato:

La garanzia dei tuoi ventilatori sempre in funzione – SENZA le urgenze causate da guasti improvvisi – dandoti la possibilità di tenere sempre sotto controllo i costi della manutenzione.

È con questo obiettivo in testa che ho creato il sistema ZERO ROTTURE, il primo – ed unico – programma di manutenzione dei ventilatori industriali, capace di azzerare le fermate di impianto causate da guasti improvvisi.

Hai già avuto un'anteprima del sistema ZERO ROTTURE in questa guida.

Le varie fasi che ti ho presentato sono infatti le parti fondamentali di questo programma di manutenzione.

Il primo passo consiste, infatti, nel check-up iniziale dello stato di salute delle ventole installate nel tuo impianto, con la creazione della scheda anagrafica per ognuna di esse.

Sulla base della criticità delle macchine e del loro livello di usura, posso proporti un piano di manutenzione completo di tutte le attività da eseguire ed un programma di azione.

Per toglierti l'ansia di dover tenere a mente tutte le varie scadenze del tuo piano, ho ribaltato completamente su di me questa incombenza.

Sarò io a tenere sotto controllo il tuo programma di attività.

Ti contatterò quindi con qualche settimana di anticipo, per organizzare l'intervento di un mio tecnico ed assicurarti di NON mancare mai una scadenza.

Inoltre, dopo ogni controllo periodico dei ventilatori, ti spedirò una relazione dettagliata, all'interno della quale troverai tutte le attività di manutenzione da programmare durante la prima fermata programmata.

In questo modo avrai la possibilità di organizzare al meglio il tuo lavoro e quello della tua squadra, evitando le fastidiose "sorprese" dell'ultimo momento, che immancabilmente rovinano i tuoi piani e ti obbligano a doppi turni per svolgere riparazioni impreviste.

Se a questo punto stai pensando:

"Si, ok. Dite tutti così all'inizio, poi però sono io a finire nei casini se un cuscinetto si rompe prima della fermata programmata."

NON posso far altro che darti ragione.

Come dici tu, tutte le società di manutenzione se ne lavano le mani di quello che succede dopo che hanno effettuato un intervento su una tua macchina.

Ed è per questo che ho deciso di andare controcorrente e sobbarcarmi sulle mie spalle questo rischio.

In che modo?

Se dopo un intervento di manutenzione su un ventilatore, quella stessa macchina subisce un guasto - o un componente si rompe – prima della successiva fermata programmata, tu non dovrai sborsare un solo centesimo.

A mie spese provvederò a mandare **immediatamente** un mio tecnico e tutti i pezzi di ricambio che dovessero essere necessari.

"Hey Signore delle Ventole, ma sei diventato matto? Nessuno promette una garanzia simile, come fai tu ad essere così certo di poterla rispettare?"

No, non sono diventato folle. (cioè non più di quanto lo sono già)

Grazie ai controlli preventivi, mi è infatti possibile intercettare un guasto sul nascere e prevedere entro quando bloccherà il ventilatore. (e di conseguenza il tuo impianto)

Ecco svelato il motivo che sta dietro la GARANZIA che posso fornirti. Non sono un mago, né sono stato colto da improvvisa follia.

Semplicemente, grazie ad un **metodo scientifico**, sono in grado di programmare – con buona precisione – gli interventi di manutenzione e le sostituzioni dei ricambi, così da assicurarti che fino alla prossima fermata programmata NON dovrai preoccuparti dei tuoi ventilatori.

Ok, probabilmente sei ancora un po' diffidente e – dopo aver letto di questa garanzia – stai pensando:

"Lo so io perché mi dai questa garanzia con così tanta tranquillità. Ti basta obbligarmi a cambiare ogni anno tutti i componenti di un ventilatore e ti eviti in questo modo di dover intervenire in garanzia."

Devo ammettere che sei proprio tosto.

Probabilmente hai avuto molte esperienze negative con altri fornitori, che ti hanno portato ad essere così sospettoso.

Tranquillo, nessun problema.

Anche io ho pensato a questa possibile obiezione.

E sono certo che nessuno ti aveva mai dato la risposta che sto per darti.

All'interno del mio sistema ZERO ROTTURE, ho introdotto una serie di indicatori di prestazioni, dei semplici parametri che potrai calcolare anche tu stesso.

Anzi, ti mostrerò proprio come fare a misurare questi indicatori anno dopo anno.

Perché?

Per due motivi molto importanti.

Il primo riguarda più il livello del mio servizio.

Voglio infatti darti la possibilità di misurare effettivamente, con numeri alla mano, quali risultati stai ottenendo grazie al sistema ZERO ROTTURE.

NON è mia intenzione "incastrarti" con contratti pluriennali, che non puoi disdire se non sei soddisfatto.

La manutenzione dei ventilatori deve portarti ad un risparmio, in termini di ricambi acquistati e di manodopera utilizzata, azzerando al tempo stesso le fermate non programmate a causa di guasti improvvisi.

Se non misuri me – o qualsiasi altro fornitore – su questi parametri, rischi solo di sprecare il tuo denaro. (ed il tuo tempo)

Il secondo motivo per cui ti voglio fornire questi importanti indicatori, riguarda invece te ed il tuo ruolo come responsabile della manutenzione.

Grazie a questi numeri potrai infatti dimostrare l'effettivo valore del tuo lavoro ed i risultati che – grazie a te – l'azienda può ottenere in termini di produttività e di gestione degli impianti.

Se sei infatti stufo di sentirti come il *"maggiordomo"* della produzione, devi dimostrare in maniera "scientifica" che in realtà **il tuo è un ruolo principe in azienda.**

Ecco allora che gli indicatori di prestazione del mio sistema ZERO ROTTURE faranno proprio al caso tuo, misurando i miglioramenti nella gestione dei ventilatori che – grazie anche a te – l'azienda sta ottenendo.

Riassumendo, ecco quello che – con il mio sistema ZERO ROTTURE – posso fare per i ventilatori installati negli impianti dei miei clienti e quindi anche per te:

- Sgombrare la tua mente dalla fatica di doverti continuamente ricordare quali attività di manutenzione svolgere e entro quando farle. Sarò infatti io a tenere sotto controllo il programma delle attività e ti contatterò con qualche giorni di preavviso per organizzare l'intervento di un mio tecnico.

- Scoprire quali sono i ventilatori più importanti che devi "curare" e per i quali un servizio di manutenzione può portare i massimi risultati, in termini di aumento della produttività dell'azienda e di ABBATTIMENTO dei costi di gestione di queste macchine

- Aiutarti a scoprire come creare un piano di manutenzione e metterlo subito in pratica, senza incrementare a dismisura il tuo carico di lavoro.

- Avrai la garanzia che non sarai travolto da guasti che possono mettere a rischio la vita tua e dei tuoi collaboratori, SENZA spendere tutto il tuo budget in continui ricambi. Sarai infatti coperto dalla mia **GARANZIA Niente Imprevisti,** grazie alla quale se - dopo un intervento di un mio tecnico – si rende necessario riparare un ventilatore, tutti i ricambi e la manodopera necessaria sarà a totalmente a carico mio.

- Fornirti i numeri segreti per monitorare la qualità del mio servizio – o di qualsiasi società di manutenzione esterna – ed al tempo stesso **dimostrare ai tuoi colleghi, e ai tuoi superiori, il vero valore del tuo lavoro come responsabile di manutenzione**.

Se mi hai seguito fino a questo punto, leggendo tutto quello che ho scritto in queste pagine, ti meriti innanzitutto i miei complimenti.

È evidente che sei uno di quei pochi responsabili di manutenzione che ha veramente a cuore il suo lavoro, e sei cosciente di quanto fondamentale sei per la produttività della tua azienda.

Fino ad oggi hai sicuramente fatto del tuo meglio – lavorando con turni sfiancanti e sempre di corsa inseguendo emergenze – per gestire tutti i ventilatori installati nei tuoi impianti.

Molto probabilmente avrai anche maledetto queste macchine – che spesso sembrano infernali – per tutti i problemi che ti danno.

Di più non potevi fare.

Con quello che avevi a disposizione e sapevi, hai già compiuto un miracolo fino ad oggi, riuscendo ad evitare esplosioni di ventole ed incidenti mortali.

Adesso però hai letto questa guida e sai tutto quello che devi fare per mantenere i tuoi ventilatori sempre al massimo della loro forma, evitando così guasti improvvisi e fermate non programmate.

Quindi da oggi non ci sono più attenuanti.

Di fronte a te hai 3 possibili scelte.

La prima è stracciare questa guida e continuare a convivere in preda alla frenesia delle emergenze.

Magari sei una persona a cui piace la scarica di adrenalina che il rischio continuo di incidenti può dare. Ti piace vivere la vita sul filo del rasoio, perennemente sotto stress ed in balia degli eventi.

Niente in contrario per carità. Sono scelte di vita.

In questo caso ti chiedo solo una cortesia.

Circonda i ventilatori nel tuo impianto con spesse pareti di cemento armato.

In questo modo sarai certo che – quando le ventole esploderanno in mille pezzi – nessuno dei tuoi **colleghi sarà investito da una pioggia di schegge metalliche affilate come rasoi.**

Se invece ci tieni alla salute dei tuoi colleghi e vuoi evitarti un infarto precoce a causa dei livelli estremi di stress, allora puoi scegliere di seguire passo dopo passo quello che ti ho raccontato in questa guida.

Domani mattina ti prendi mezza giornata per fare il censimento di tutti i ventilatori che hai sparsi nell'impianto e – compilando le schede anagrafiche – individui quali sono quelli critici.

Per queste macchine poi crei un piano di manutenzione ed inizi ad applicarlo subito dai prossimi giorni.

Sarà dura resistere alla tentazione di rimandare qualche controllo – soprattutto quando le urgenze bussano alla tua porta – ma se terrai duro fino alla fine, entro pochi mesi inizierai a vedere i primi benefici.

Hai letto questa guida fino a questo punto, quindi sei di sicuro una persona determinata. Trovare il tempo per rispettare tutte le scadenze non sarà un compito impossibile per te.

Ed eccoci arrivati alla terza ed ultima possibilità.

Se non mi hai ancora mandato a quel paese, probabilmente ritieni che quello che ho condiviso con te fino ad ora sia qualcosa di valore.

Leggendo ti sei reso conto di quanto è importante seguire un buon piano di manutenzione per i tuoi ventilatori critici.

Hai anche scoperto come stanare le società di manutenzione che tramano alle tue spalle per arricchirsi a spese tue. (e spero che se ne hai qualcuna che lavora per te, da domani la butterai fuori dalla finestra)

Un timore però frena il tuo entusiasmo e ti suggerisce che – con tutto quello che hai da fare ogni giorno – NON riuscirai mai a fare tutto quello che hai letto in queste pagine.

Già solo l'idea di prendere carta e penna ed andare in giro per lo stabilimento in cerca dei ventilatori da schedare – con la mole di problemi e di emergenze che ristagna sulla tua scrivania – ti fa venire un attacco di ansia.

Sai già che per poter creare un piano e poi metterlo in pratica, sarai costretto ad aumentare le tue ore di lavoro, che però sono già oltre il massimo sopportabile.

Prima che la disperazione ti sovrasti, voglio ricordarti una promessa che ti ho fatto all'inizio di questo breve manuale sulla manutenzione dei ventilatori.

Ti sei dimenticato di cosa sto parlando?

Ti avevo detto che avresti trovato un regalo per te alla fine di questa guida.

E siccome sono una persona di parola, ecco quello che ho pensato di donarti per ringraziarti della tua attenzione e premiarti per il tempo che hai investito in questa lettura.

Come ti ho già raccontato, il passo iniziale del mio sistema ZERO ROTTURE è rappresentato dalla fase di censimento.

Ecco allora la mia proposta imperdibile.

Sarò io a svolgere questa prima fase – semplice ma al tempo stesso molto delicata – al posto tuo, regalandoti quella che io chiamo **"Check-up preliminare"**.

Si tratta di una prima visita durante la quale un mio tecnico si occuperà di raccogliere tutte le informazioni su ogni singolo ventilatore che hai installato nel tuo stabilimento.

Insieme a te stabilirà quale ventola è critica per i tuoi impianti.

Per ogni macchina verrà creata la scheda anagrafica, inserendo tutti i dati che saranno poi necessari per creare il piano di manutenzione.

Ma non finisce qua.

Sempre durante la stessa giornata, il mio tecnico effettuerà i primi controlli di vibrazione e temperatura dei cuscinetti, così da avere **immediatamente un'idea sullo stato di salute delle tue macchine.**

E no, NON devi preoccuparti di spegnere i ventilatori e creare disagi alla produzione.

Tutte queste attività possono essere eseguite mentre le macchine sono in funzione, SENZA nessun impatto sulla produttività.

Alla fine di questa prima visita ecco quello che riceverai nelle tue mani sotto forma di un sostanzioso report:

- Tutte le schede anagrafiche dei ventilatori completamente compilate, contenenti tutti i dati tecnici e gestionali delle tue macchine, SENZA che tu debba perdere tempo ad inserire numeri in tabelle di Excel.

- Un check-up completo dello stato di salute delle ventole che hai installate in tutto lo stabilimento – che ti fornirà immediatamente un'idea delle prossime attività più urgenti da programmare – ed evitare così eventuali guasti improvvisi che si stanno avvicinando all'orizzonte.

- Il piano di lubrificazione di tutti i ventilatori – con le giuste tipologie di grasso o olio da utilizzare – che ti metterà al riparo da rotture di cuscinetti rimasti a secco.

- Il piano di manutenzione compilato dal mio tecnico per tutti i ventilatori, completo delle attività necessarie per ogni singola macchina e le relative scadenze che dovrai rispettare, in modo che a te non resti altro che seguire quanto prescritto.

- La lista completa dei ricambi strategici che ti converrebbe tenere pronti a magazzino, valutata in base alla criticità dei singoli ventilatori, elaborata al posto tuo dal mio tecnico seguendo precise procedure di analisi del rischio di guasto e dei tempi di approvvigionamento.

Ora, prova ad immaginare quante ore del tuo tempo sarebbero necessarie per realizzare un documento come quello che ti ho appena descritto.

Un'infinità?

Non esagerare. Non essendo attività che compi ogni giorno di lavoro, molto probabilmente ti ci vorrà qualche giornata – a seconda di quanti ventilatori hai nello stabilimento – ma di sicuro NON un'eternità.

Solitamente, a chi non è mio cliente, vendo questa analisi preliminare, completa del report che ti ho descritto sopra, ad un prezzo di 387,00 €.

Come ti ho detto prima ti sei meritato un regalo, anche solo per esserti interessato alla manutenzione dei tuoi ventilatori.

Ecco perché, avendo acquistato e letto questa guida, puoi ottenere il check-up completo di tutte le ventole installate nel tuo impianto in maniera completamente GRATUITA.

Si, hai capito bene. Non ti chiedo di spendere un solo euro.

Tutto quello che ti chiedo è di compilare il modulo che trovi a questo link:

http://ventilazionesicura.it/manutenzioneventilatori

Dopo aver inserito i tuoi dati – necessari per essere ricontattato – ti chiamerò quanto prima per fissare la data migliore, sulla base dei tuoi impegni, per inviare un mio tecnico ad effettuare il censimento dei ventilatori installati nel tuo stabilimento.

Voglio essere chiaro su questo punto molto importante.

Questa prima visita sarà completamente gratuita, e non ti impegnerà in alcun modo nei miei confronti.

Quindi non perdere altro tempo prezioso nella guerra ai guasti improvvisi, vai immediatamente al link seguente e prenota la tua analisi preliminare:

http://ventilazionesicura.it/manutenzioneventilatori

A presto.

"Mai più guasti improvvisi"

Il Signore delle Ventole

P.S. per poter mantenere un elevato livello di qualità nel servizio offerto, tengo solo un numero ristretto di clienti all'interno del sistema ZERO ROTTURE.

Per questo motivo, potrei essere costretto a breve a disattivare temporaneamente la pagina per le prenotazioni dell'analisi preliminare gratuita.

NON vorrei che – preso da impegni impellenti – ti scordassi di richiedere subito il tuo check-up gratuito e poi, tra qualche settimana, trovassi la pagina disattivata.

Quindi approfitta subito di questa offerta – che tanto NON ti costa nulla – compilando il modulo che trovi a questo link:

http://ventilazionesicura.it/manutenzioneventilatori

Come restare in contatto con me?

Se dopo aver letto questa guida ti è rimasto qualche dubbio e vorresti pormi delle domande, oppure vuoi semplicemente entrare in contatto con me ecco dove puoi trovarmi:

Facebook: *https://www.facebook.com/diego.perfettibile*

Linkedin: *https://www.linkedin.com/in/diegoperfettibile*

Puoi anche entrare nel gruppo di Ventilazione Sicura, un luogo virtuale che ho creato per chi come te è in cerca di risposte e soluzioni ai problemi legati alla manutenzione dei ventilatori.

Richiedi la tua iscrizione al gruppo Facebook di Ventilazione Sicura:

https://www.facebook.com/groups/ventilazionesicura/

Ovviamente poi ci sono i mezzi più tradizionali:

E-mail: *diego.perfettibile@pbn.it*

Cellulare 338 52 20 418

www.ingramcontent.com/pod-product-compliance
Lightning Source LLC
Chambersburg PA
CBHW041107180526
45172CB00001B/147